BEI GRIN MACHT SICH IHR WISSEN BEZAHLT

- Wir veröffentlichen Ihre Hausarbeit, Bachelor- und Masterarbeit

- Ihr eigenes eBook und Buch - weltweit in allen wichtigen Shops

- Verdienen Sie an jedem Verkauf

Jetzt bei www.GRIN.com hochladen und kostenlos publizieren

Bibliografische Information der Deutschen Nationalbibliothek:

Die Deutsche Bibliothek verzeichnet diese Publikation in der Deutschen National-bibliografie; detaillierte bibliografische Daten sind im Internet über http://dnb.d-nb.de/ abrufbar.

Impressum:

Copyright © 2012 GRIN Verlag, Open Publishing GmbH
Druck und Bindung: Books on Demand GmbH, Norderstedt Germany
ISBN: 9783668466807

Dieses Buch bei GRIN:

http://www.grin.com/de/e-book/368293/tradition-und-moderne-in-der-brasiliani-schen-kultur-eine-exemplarische

Stefan Herber

Tradition und Moderne in der brasilianischen Kultur. Eine exemplarische kulturelle und geografische Verortung des Bundesstaates Bahia

GRIN Verlag

GRIN - Your knowledge has value

Der GRIN Verlag publiziert seit 1998 wissenschaftliche Arbeiten von Studenten, Hochschullehrern und anderen Akademikern als eBook und gedrucktes Buch. Die Verlagswebsite www.grin.com ist die ideale Plattform zur Veröffentlichung von Hausarbeiten, Abschlussarbeiten, wissenschaftlichen Aufsätzen, Dissertationen und Fachbüchern.

Besuchen Sie uns im Internet:

http://www.grin.com/

http://www.facebook.com/grincom

http://www.twitter.com/grin_com

Inhaltsverzeichnis

1 Kultur und Raum in Bahia: Einführung & Fragestellung

Brasilien ist einer der größten und bevölkerungsreichsten Staaten der Erde. Noch bemerkenswerter jedoch als die nüchternen Fakten und Zahlen rund um dieses, flächenmäßig nahezu die Hälfte des südamerikanischen Kontinents ausmachenden Staates, ist die kulturelle Vielgestaltigkeit, die in einer kaum zu erfassenden Vielfalt einen immensen Stellenwert im alltäglichen Leben der zahlreichen Bevölkerungsgruppen, Ethnien, Subkulturen und deren Vermischungen einnimmt (Vgl. Nitschack 2010: 444 ff). Doch nicht nur Ethnizität und kulturelle Manifestationen, auch die Wirtschaft und somit sozioökonomische Faktoren sowie die Geographie, mithin räumliche Aspekte, zeigen sich hier wie in nur in nur wenigen anderen Staaten von Disparitäten oder gar Gegensätzlichkeit geprägt (Ebd.). So herrscht beispielsweise in Teilen Amazoniens und dem Großteil des Nordostens teils bittere Armut, während in den Küstenregionen des Südostens das Entwicklungsniveau nahezu an das Europas heranreicht. Man braucht den Blick aber nicht auf die Makroebene der Regionen zu richten, denn schon innerhalb geographisch eng gefasster Gebiete wie den Großstädten liegen in unmittelbarer Nähe zu gehobenen Wohnvierteln die als „Favelas" bezeichneten Armutssiedlungen.

Doch welche Auswirkungen haben diese sozioökonomischen und räumlichen Disparitäten auf die Kultur? Fußball, Samba, Karneval und Capoeira gelten heute weltweit als Bestandteile der brasilianischen Kultur, mithin jedoch auch als Teil der Massenkultur (Vgl. Briesenmeister 1994: 379). Es stellt sich daher die Frage, ob ursprünglichere Kulturelemente ausgemacht werden können, die eine Entwicklung im Zeitverlauf aufweisen, anhand welcher der Einfluss von äußeren Faktoren untersucht werden kann. Im Rahmen dieser Arbeit soll dies vornehmlich unter Bezug auf die Kategorie des Raumes geschehen.

Anhand des Beispiels des Bundesstaates Bahia soll daher, nach vorheriger Begriffsabgrenzung und –kategorisierung von „Kultur", die Darstellung naturräumlicher und kultureller Unterschiede sowie Gegensätzlichkeit erfolgen sowie anschließend untersucht werden, inwiefern die kulturellen Elemente eine Transformation von ursprünglichen hin zu modernen Formen der brasilianischen Kultur durchlaufen haben. Abschließend soll bewertet werden, welches soziologische Raumkonzept möglicherweise auf die Ergebnisse angewendet werden kann

2 Begrifflichkeiten und exemplarische Analyse

Wie im einleitenden Teil erläutert, soll die Untersuchung kultureller Elemente einen Großteil dieser Arbeit ausmachen. Es wurde bereits festgestellt, dass Brasilien auch und vor allem im kulturellen Bereich als ein Multiversum von hoher Komplexität zu begreifen ist. Will man einen Blick darauf werfen, ob und wie sich die Kategorien Kultur und Raum gegenseitig beeinflussen oder gar bedingen, ohne sich vorab auf ein soziologisches Raumkonzept festzulegen, müssen beide mithin zumindest potentiell als veränderliche Variablen aufgefasst werden. Es scheint somit einleuchtend, dass vor allem der Begriff der Kultur in diesem Rahmen einer genaueren Spezifizierung bedarf.

2.1 Begriffsabgrenzung: Volkskultur und Populärkultur

Beschäftigt man sich wissenschaftlich mit dem Thema Kultur, so stößt man unmittelbar auf das Postulat der „Unschärfe" dieses Begriffes (Knoblauch 2007: 21). Definitionen von Kategorisierungen von Kultur wie zum Beispiel (z.B.) „Populärkultur" oder „Massenkultur" variieren je nach dem ihnen zugeordneten Kontext und überschneiden sich teilweise beträchtlich. Ebenfalls häufige Erwähnung findet eine gängige und zumindest vordergründig trennscharfe Differenzierung von Kultur, nämlich jene in Hochkultur und Populärkultur, welche jedoch aufgrund ihres historischen Entstehungskontextes und ihrer daraus resultierenden eingeschränkten Anwendungsfähigkeit auf heutige komplexere Gesellschaftsverhältnisse und der Tatsache, dass heute via Massenmedien Kulturerzeugnisse jeglicher Qualität vermittelt werden, an Deutungsmacht eingebüßt hat (Vgl. Lischka 2009: 9 ff).

Eine Differenzierung beziehungsweise (bzw.) Definition von Kultur jedoch, welche (erstens) die Bewertung der Qualität ihrer Erscheinungsformen (und zweitens jene) anhand der Zugangsmöglichkeiten stratifikatorisch voneinander getrennter Gesellschafteile zu ihnen vornimmt, ist für diese Arbeit von eher geringerem Interesse. Wie bereits erwähnt ist hier zuvörderst das Ziel, zu untersuchen, inwiefern kulturelle Manifestationen, denen eine gewisse Ursprünglichkeit (im Sinne von Originalität) zugeschrieben werden kann, insbesondere unter Berücksichtigung der Kategorien Raum und Zeit, entstanden sind, sich fortentwickelt und eventuell aufeinander Einfluss genommen oder sich gar zu neuen Formen vermischt haben. Unter dieser Prämisse ist es als zweckmäßig zu betrachten, eine Dichotomie zwischen einer eher ursprünglicheren, räumlich begrenzten „Volkskultur" und einer eher jüngeren, räumlich unbegrenzteren „Populärkultur" einzuführen. Trotz der Nähe in der reinen Wortbedeutung beider Begriffe lassen sich jeweils Definitionen finden, die den gegensätzlichen Charakter bestätigen: „Volkskultur, unter Berücksichtigung der geschichtl. Dimension, regionaler Unterschiede und der unteren sozialen Schichten (sog. »einfache« bzw. »kleine Leute«) die Gesamtheit der kulturellen Ausdrucks- und Lebensformen eines Volkes, Stammes oder einer ethnischen Minderheit: [...] Formen des sozialen Zusammenlebens, Bräuche, Feste, Feiern und Tanz, Volkskunst (Erzählungen, Volksdichtung und – musik) [...]." (Hillmann et al. 2007: 947). Hingegen ist beim Begriff der „Populärkultur" von „[...] Alltagskultur, die Gesamtheit der in einer Gesellschaft für die Mehrheit der Bevölkerung üblichen »alltäglichen« Verhaltensformen, Bedarfsstrukturen und sozialen Gewohnheiten." die Rede, welche „[...] gewöhnlich über Analysen der Massenmedien, der Kunst [...] und des Konsum- und Freizeitverhaltens ermittelt" werde (A.a.O.: 691). Auf die im späteren Teil der Arbeit vorgestellten kulturellen Manifestationen sollen diese beiden nun eingeführten Definitionen angewendet und auf sie zurückverwiesen werden.

2.2 Räumliche und kulturelle Differenzierung: Fallbeispiel Bahia

Innerhalb des Landes gilt der Nordosten noch immer als die am wenigsten entwickelte Region und „Armenhaus Brasiliens" (Kohlhepp 1994: 79; Vejmelka 2010: 493) und stellt bei den bereits erwähnten sozioökonomischen Disparitäten in vielerlei Hinsicht das untere Ende der Skala dar (Vgl. zu Indikatoren des Entwicklungsstandes des Nordostens: Pape 2007: 4). Nichtsdestotrotz gilt er als die gesellschaftliche und vor allem (v.a.) kulturelle Wiege Brasiliens, was hauptsächlich daran festgemacht wird, dass die portugiesische Kolonisation von hier ihren Ausgang nahm. Mit seiner Hauptstadt Salvador (bis 1763 Hauptstadt Brasiliens) bildet Bahia den größten Bundesstaat und das wirtschaftliche Zentrum der Region (Schaeber 1996: 30). Trotz der Schaffung einer eigenen „Planungs- und Koordinierungsbehörde für die Entwicklung des Nordostens (SUDENE)" 1959 (Holzborn 1978: 290) und umfangreicher wirtschaftspolitischer Strukturmaßnahmen (v.a. hinsichtlich Industrialisierung), macht das für die interregionale Perspektive geltende Postulat gravierender Ungleichheitsstrukturen nicht halt vor den Regionen und Bundesstaaten selbst und gilt mithin auch für Bahia (Vgl. BTI 2003 für Brasilien: 8). Vielmehr hat die Förderung des „Agrobusiness" (Kohlhepp 1994: 79f) und mit ihm der Lebensmittel- und Chemieindustrie starke sozialstrukturelle Auswirkungen auf Bahia: „So gibt es hochspezialisierte und gutbezahlte Chemiefacharbeiter einerseits und andererseits Familien, die sich mit dem Sammeln von Abfällen über Wasser halten. – Folgen des Versuchs, aus einem feudalistischen Agrarland innerhalb kurzer Zeit ein Industrieland zu machen" (Schaeber 1996: 30).

Neben dieser wirtschaftlichen und sozialen Disparität kennzeichnet den Nordosten und insbesondere Bahia aber ein weiteres Charakteristikum, das stets Erwähnung findet, weil es viel ursprünglicher und für viele der beschriebenen Entwicklungen ein entscheidender Faktor, wenn nicht gar die Ursache bildet. Die Rede ist von einer naturräumlichen Differenzierung im Sinne der Existenz zweier bzw. dreier deutlich voneinander unterscheidbarer und einer scharfen geographischen Trennung unterliegender Naturräume. Verantwortlich dafür ist ein klimatisches Phänomen (Vgl. Anhuf 2010: 22f), das sich insbesondere auf die Niederschlagsmenge auswirkt und so die „Ost-West-Gliederung" in „tropisch-immerfeuchte", großteils urban geprägte Küstenregion („zona da Mata" ≈ Waldzone) und , eher rurales Hinterland („sertão") bedingt, welche sich wiederum auch auf Wirtschaftsformen und soziale Verhältnisse auswirkt (Kohlhepp 1994: 79). Dass wirtschaftliche, soziale und sozioökonomische sowie naturräumliche Disparitäten in Bahia herrschen, sei nun dargelegt. Was den Bundesstaat aber für das oben erläuterte Erkenntnisinteresse quasi prädestiniert, ist die Tatsache, dass einerseits zwar in kultureller Hinsicht extreme Vielfältigkeit vorzufinden ist, sich andererseits jedoch innerhalb der eben vorgestellten Naturräume zwei ebenso gegensätzliche Kulturen und somit Kultur*räume* manifestiert haben.

2.2.1 Küstenregion – Ein Überblick

Die Küstenregion des Nordostens und mithin Bahias wird gemeinhin als „Streifen" bezeichnet. Entlang des Atlantik bildet er eine cirka 50 bis 100 Kilometer schmale Zone, die ursprünglich bis in die Anfangszeiten der portugiesischen Kolonisation von tropischem Regenwald eingenommen wurde (Vgl. Kohlhepp 1994: 79). Innerhalb kurzer Zeit musste dieser jedoch großteils extensiver Plantagenlandwirtschaft, vor allem im Zuckerrohranbau, weichen, welcher mittels der Verschleppung und Ausbeutung hunderttausender afrikanischer Sklaven ermöglicht wurde (Ebd.). Neben der Hauptstadt, dem Wirtschafts- und Kulturzentrum Salvador entwickelten sich in der „zona da mata" weitere Großstädte, weshalb hier das Zentrum der bahianischen Urbanisierung zu lokalisieren ist. Allein vier der sechs größten Städte des Bundesstaates beheimatet die Region, in welchen gut ein Drittel der 14 Millionen (der zu 80% afrikanischstämmigen) Bahianer leben (Vgl. IBGE: Contagem 2007). Nachdem sich im Ausgang des 18. Jahrhunderts das wirtschaftliche und politische Zentrum Brasiliens in Richtung Südosten zu verschieben begann, folgte für die Region eine Phase der Stagnation in der Wirtschaftsentwicklung, die erst Ende der 1960er Jahre aufgrund der Entdeckung und Ausbeutung von Erdölvorkommen und der infolgedessen sich entwickelnden Chemieindustrie sowie weiterer, großteils strukturpolitisch motivierter

Ansiedlung von Komplexen der verarbeitenden (Lebensmittel-)Industrie (v.a. Zucker) beendet und ein Aufschwung eingeleitet wurde (Vgl. Schaeber 2003: 166). Diese Entwicklung stellte zusätzlich zu den klimatischen Bedingungen und der generellen Anziehungskraft städtischer Gebiete einen Zuwanderungsmagneten dar, der im Verlaufe technischer Modernisierung und Spezialisierung jedoch sein Beschäftigungspotential einbüßte. Armut und insbesondere die Entstehung prekärer Wohnverhältnisse sowie eines kaum überschaubaren informellen Wirtschaftssektors waren die Folge (Vgl. Schaeber 1996: 30). Aktuell zeigt sich die Küstenregion in wirtschaftlicher Hinsicht geprägt von der eben erwähnten Industrie, einem immer mehr an Bedeutung gewinnenden Tourismus (Vgl. Schaeber 2003: 168) und der Produktion und Verarbeitung landwirtschaftlicher Erzeugnisse, die jedoch im Vergleich zum Südosten kaum mehr nennenswert erscheint.

2.2.2 Küstenregion – Elemente der Volkskultur: Karneval und Afoxé-Musik

Die Dominanz der überwiegend afrikanischstämmigen Einwohnerschaft macht sich, zwar nicht ihrem Anteil angemessen, aber dennoch in *dem* kulturellen Markenzeichen Bahias bemerkbar: Dem Karneval. Die so genannten Afoxé prägten bis zum Verbot ihrer Teilnahme 1905 den bahianischen Karneval (Vgl. Schaeber 2010: 516) und integrierten die musikalischen und tänzerischen Ausdrucksformen des Candomblé in die Festivitäten. Letztgenannte gilt als die afro-brasilianische Religion des Nordostens, welche die ursprünglich afrikanischen Elemente am stärksten beibehalten hat und insbesondere in Salvador da Bahia ihr Zentrum hat (Vgl. Armbruster 1994: 484f). Exakte Daten und sichere Angaben zur Entstehung und Verbreitung sollen, erstens, hier jedoch nicht im Vordergrund stehen und gelten, zweitens, als quasi unmöglich, aufgrund ihrer jahrzehntelangen Verfolgung und/oder Unterdrückung, und des zumindest teils daraus resultierenden eigentümlichen Synkretismus und der geheimen Ausübung (Vgl. Becker 1995: 52f). Sicher jedoch ist, dass Ausdrucksformen des Tanzes und v.a. der Musik im Candomblé ein besonderer Stellenwert zukommt. Von großer Bedeutung sind demnach die Rhythmen, welche die je verehrte Gottheit repräsentieren und mittels traditioneller Instrumente wie Trommeln (u.a. „rum") und Glocken („agogô") erzeugt werden (A.a.O.: 54, 74). Das kulturelle Element des bahianischen Karnevals jedoch geht ursprünglich nicht auf die afro-brasilianische Bevölkerung bzw. deren versklavte und/oder befreite Vorfahren, sondern auf die portugiesischen Kolonialherren zurück, welche ihn in Form des „entrudo" einführten. Dieses spaßige und spielerische, trotzdem teils in Gewalt ausufernde, Spektakel war offiziell den weißen Eliten vorbehalten, und wurde bis zum Verbot 1853 von Formen des modernen, venizianischen Karnevals mit Vereinen, Bällen und Umzügen überlagert, welche die Marginalisierung der schwarzen Bevölkerung aufrechterhielten (Schaeber 2003: 96ff). Es dauerte jedoch nicht lange, bis die Praktik der Umzüge von den verschiedenen Gruppen der Anhänger der Candomblé-Häuser übernommen wurde und, in Abgrenzung zur weißen Elite der Oberstadt ihren eigenen Karneval veranstalteten. Die eigentlichen Afoxés, wie sie Petra Schaeber beschreibt (Vgl. 2010: 515), nutzten dies als Möglichkeit, gerade angsichts des offiziellen Verbots der Candomblé-Praktiken, um ihre afrikanischen Wurzeln zur Schau zu tragen. Nährte dies bereits den Missmut der weißen Bevölkerung, welche dieser Form des Karneval einen „Mangel an Zivilisation" zuschrieb (Vgl. a.a.O.: 516 sowie Schaeber 2003: 100f), so bildeten sich bereits im letzten Jahrzehnt des 19. Jahrhunderts auch an die europäische „gesittete" Form des Karnevals angepasste Clubs und Gesellschaften, die Elemente wie die Karnevalswagen, Blaskapellen und Uniformen übernahmen, mit afrikanischen und afro-brasilianischen Elementen mischten und fortan, trotz der Unterschiede, den Afoxés bzw. den afro-bahianischen Karnevalsgruppen zugerechnet wurden (Vgl. Schaeber 2003: 99). Die beiden letztgenannten können wie auch der Candomblé (Vgl. Armbruster 1994: 484) mithin im Sinne der obigen Definition als Elemente der Volkskultur identifiziert werden (Vgl. Perrone/Crook 1997: 5, 8).

2.2.3 Hinterland („Sertão") – Ein Überblick

Einen krassen Gegensatz zum tropischen Küstengebiet bildet das extrem trockene Hinterland Bahias, der so genannte Sertão (Vgl. da Cunha 1994: 85). Seit der frühen Kolonialzeit kommt der kargen Halbwüstenregion besondere Bedeutung in der extensiven Rinderweidewirtschaft zu, welche der prioritären Agrarwirtschaft in der Küstenregion weichen musste (Cavalcante 1996: 34f sowie Guedes 2008: 204). Daneben aber Der überwiegende Teil des bahianischen Sertão wird von der Landschaftsform der „caatinga" eingenommen, welche anders als der grünere „cerrado" von trockenen, baumdurchsetzten Dornstrauchsavannen, Kakteen und „offenen Trockenwäldern" geprägt ist (Vgl. Anhuf 2010: 28f). Bis heute zeigt sich diese Determinierung und, in klimatischer Hinsicht auch, Determiniertheit des Sertão allgegenwärtig. In der bis auf wenige Ausnahmen (es sind dies die Großstädte Juazeiro und Paulo Afonso am Ufer des Rio São Francisco sowie Barreiras im äußersten Westen und die am östlichen Rand des Sertão gelegene Feira de Santana und weitere Großgemeinden mit weit unter 100.000 Einwohnern) dünn besiedelten Region ist nach wie vor die Rinderviehzucht der größte Wirtschaftszweig (Vgl. Guedes 2008: 204). Wie auch in der Küstenregion fanden in den vergangenen Jahrzehnten zwar gezielte Strukturmaßnahmen statt, z.b. die Nutzbarmachung bestimmter Trockengebiete entlang des Rio Sao Francisco, welcher die Lebensader der Region darstellt, mittels Bewässerungsprojekten (Vgl. Boland 1997: 19ff, Anhuf 2010: 21 sowie Kohlhepp/Anhuf 2010: 142ff), die zwar den Anbau landwirtschaftlicher Erzeugnisse wie z.b. Weintrauben und Zuckerrohr ermöglichten, aber eher dem nur wenige Arbeitsplätze schaffenden Agrobusiness nutzten als den Kleinbauern (Ebd.). Noch stärker als in der Küstenregion leidet die Bevölkerung demnach unter teils extremer Armut (Vgl. Boland 1997: 19). Aufgrund gescheiterter Landreformen hat sich an den ehemals feudalen Landbesitzstrukturen nur wenig geändert, die Angewiesenheit großer Teile der Bevölkerung auf Subsistenzlandwirtschaft wird in der Literatur als eine der Folgen genannt (Vgl. Schaeber 1996: 30 sowie Kohlhepp 1994: 70). Zyklisch auftretende „Dürrekatastrophen" tun ihr übriges dazu (Vgl. Cavalcante 1995: 39 sowie Guedes 2008: 204f). Wenig verwunderlich ist demnach ein weiteres sozialstrukturelles Charakteristikum der Region, nämlich die Landflucht in städtische Gebiete, zunächst in die Küstenregion des Nordostens, später jedoch vornehmlich in den strukturstärkeren und somit verheißungsvolleren Süden und Südosten Brasiliens (Vgl. Kohlhepp 2010: 107). Einen Lichtblick in wirtschaftlicher Hinsicht bietet jedoch der Tourismus, immer mehr Reisende begeistern sich für die Erkundung des Landesinneren und somit auch des Sertão (Vgl. Schaeber 1996: 218).

2.2.4 Hinterland (Sertão) – Elemente der Volkskultur: Sertanejo-Kultur – choradinho, baião und cantoria

In Beschreibungen über die Kultur des Sertão findet meist die Mentatlität der dort beheimateten Menschen besondere Erwähnung. Auffällig oft widmen diese sich insbesondere speziellen Dispositionen, die jenen zugeschrieben werden (Vgl. Boland 1997: 19 sowie Guedes 2008: 206). Womöglich zurückgeführt werden kann dies auf die wohl am weitesten verbreitete Abhandlung über Geschichte und Kultur der Region: „Krieg im Sertão" von Euclides da Cunha, erschienen 1902 unter dem Originaltitel „Os Sertões. Campanha de Canudos" (Vgl. Cavalcante 1995: 40). Neben den Berichten über die bürgerkriegerischen Ereignisse rund um die 1893 von Antonio Conseilhero gegründeten autonomen Gemeinde Canudos, liefert dieses Werk eine detailreiche und in Teilen hochkomplexe Entstehungsgeschichte des Sertão selbst und seiner Bevölkerung. In seinen rassentheoretisch anmutenden Beschreibungen definiert er den „Sertanejo" als Mischling, schreibt ihm widersprüchliche, aber dennoch überwiegend positive Eigenschaften zu, stellt ihn in absoluten Gegensatz zu den Afrobrasilianern der Küstenregion und letzteren gleichsam überlegen

7

dar, weil sie, trotz ihrer generellen Inferiorität als Mestize (Vgl. da Cunha 1995: 125ff), sich ohne die Überforderung durch die Zivilisation in der Abgeschiedenheit des „physische[n] Milieu[s]" (Vgl. a.a.O.: 122 sowie Wieser 2008: 59) des Sertão sowohl psychisch als auch ihrer Physiognomie nach sich ihrer Umwelt anpassen und den „Antagonismus der Tendenzen" von Mischlingsrassen abmildern konnten (A.a.O.: 127). Aus diesen komplizierten Ausführungen am meisten zitiert wurden aber wohl die Charakteristika der „Stärke" und der „Rückständigkeit" (letztere resultiert aus der fehlenden Zivilisation), wobei letzteres von da Cunha als durchaus positiv bewertet wird, weil die Mischlingsrasse Sertanejo demnach „das zivilisierte Leben gerade deshalb erringen kann, weil sie nicht plötzlich darauf stieß" (A.a.O.: 129, 131). Neben dieser quasi genetischen Beziehung zur natürlichen Umgebung können aber ein weitere kulturelle Charakteristika ausgemacht werden, die teils unmittelbar, teils indirekt aus den naturräumlichen und insbesondere klimatischen Bedingungen resultieren, zum einen eine „migratorische Tradition" (Cavalcante 1995) und zum anderen die mystizistische Religiosität (Vgl. a.a.O.: 42 sowie da Cunha 1992: 159ff). Erstere ist zunächst den einfachen „nomadischen" Anforderungen des Viehhirtentums geschuldet (Vgl. Cavalcante 1995: 36, 39), weiterhin aber auch dem Zwang, der Dürre in andere Regionen zu entfliehen (Vgl. da Cunha 1992: 152). Dass der als „Migrant" oder „Retirante" zu kennzeichnende Sertanejo (Cavalcante 1995: 42) Anhänger einer „Mischreligion" ist, die katholischen Monoteismus mit Aberglauben, Mythen und okkulten Rithen vereint, liegt zum einen an der Wildheit seines Mestizentums, zum anderen daran, dass jene eine Art Kraftquelle für den harten Alltag bietet (Vgl. ebd. sowie da Cunha 1992: 154ff, 159-170).

Diese bis hierher beschriebenen Elemente finden Eingang in die auch für die Kultur des Sertão wichtigsten Ausdrucksformen des Tanzes und der Musik. So beschreibt da Cunha die volkstümlichen Tanzveranstaltungen, bei welchen die Rhythmen und Formationen des „baião" und „choradinho" von den Stehgreifgesängen der „famanazes no desafio" musikalisch untermalt werden. Charakteristisch ist die Begleitung mittels Gitarreninstrumenten, den „violãos", deren Varianten wie z.B. der „machete" („einer Art Zwerggitarre [...]", da Cunha 1992: 149) und Tambourines („pandeiro") sowie die Darbietung des Vokalen in Zwiegesängen, die sich meist als Duelle darstellen, den so genannten „desafios" (Vgl. a.a.O.: 148-151 sowie Perrone/Crook 1997: 3f). Sieht man genau hin, so kann man feststellen, dass die soeben beschriebene musikalische Manifestation in der Kultur des Sertão ihrerseits ursrpünglich folkloristische Elemente zum Inhalt hat, die nicht direkt auf diese Region zurückgehen, wie z.B. die erwähnten Volkstänze „baião" und „choradinho". Die

Mischung jener mit den gesungenen Gedicht- und Reimformen der „desafios", der so genannten „cantoria", welche auf die auch als „cablocos" bezeichneten Mischlinge des Inlandes zurückgeht (Vgl. Perrone/Crook 1997: 4), kann jedoch als für den Sertão ursprüngliche kulturelle Manifestation und somit im Sinne der oben eingeführten Definition als Element der Volkskultur gelten.

2.3 Von der Volks- zur Populärkultur

2.3.1 Afoxé, blocos afro und Samba-Reggae

Trotz des Verbotes aller afro-brasilianischen Karnevalsgruppen im Jahre 1905, hatten die soeben erwähnten Elemente des bahianischen Karnevals weiterhin Bestand. War man den eher an europäische Karnevalssitten angepassten Clubs, wie der 1895 gegründeten Embaixada Africana, zwar wohlgesonnener als den an den Ijexá-Rhythmen des Candomblé orientierten Afoxés, so hatten doch beide mit massiven Repressalien zu kämpfen und erfanden teils kreative Strategien, um diese zu umgehen (Vgl. Schaeber 2003: 100f). Dennoch hatten die afrikanischen und afro-brasilianischen Elemente in den folgenden Jahrzehnten großen Einfluss auf andere Manifestationen des bahianischen Karnevals und wurden teils inkorporiert, nicht zuletzt aufgrund der immer stärker in den Vordergrund rückenden und auch in Bahia in Mode kommenden Sambas während der 1920er sowie den Trios Elétrico ab den 1950er Jahren (Vgl. ebd. sowie Schaeber 2010: 518f).

Ein Wiederaufleben der afro-bahianischen Karnevalskultur ist erst ab Mitte der siebziger Jahre zu verzeichnen. Den Ausgang bildete die Gründung der heute weltbekannten und größten Afoxé-Gruppe „Filhos de Gandhy" 1949 (Vgl. Schaeber 2003: 108). Hafenarbeiter, von der Friedensbewegung um Mahatma Gandhi inspiriert, gründeten die eher politisch motivierte Vereinigung, der sich im Laufe der Jahre immer mehr Candomblé-Anhänger anschlossen. Das Engagement des Popstars Gilberto Gil verschafft der Gruppe Ende der siebziger Jahre zum Durchbruch und den musikalischen Elementen des Afoxés Eingang in das Repertoire der Popmusik (Vgl. Perrone/Crook 1997: 8 sowie Schaeber 2010: 516f). Es beginnt ein Prozess, der in der Literatur als „Re-Afrikanisierung des bahianischen Karnevals" bezeichnet wird (Risério laut Schaeber 2010: 520). Parallel dazu entwickelten sich ab Mitte der siebziger Jahre die ersten rein afro-brasilianischen „Blocos", also Karnevalsvereine, welche unter dem Einfluss der internationalen Schwarzen- und Bürgerrechtsbewegung selbstbewusst traditionelle Elemente des Candomblé mit der bahianischen Samba vermischten (Vgl. Schaeber 2010: 521). Waren die Initiatoren dieser

Entwicklung die Mitglieder des „Bloco Afro Ilê Aiyê" (Vgl. Perrone/Crook 1997: 8), so führte ab Anfang bis Mitte der 80er Jahre der Einfluss der Afro-Kultur und einer sich weltweit etablierenden „Négritude" zu weiteren Vermischungen, inmitten welcher dem „Bloco Afro Olodum" die entscheidenste Entwicklung zuzuschreiben ist. Mit der Erfindung des Samba-Reggae, der Mischung der bisherigen Musik der Bewegung der Blocos Afros mit den Rhythmen und Melodien des jamaikanischen Reggae, erlebte dieses Produkt der afro-brasilianischen Kultur Bahias einen Erfolg über die regionalen Grenzen und derer ganz Brasiliens hinweg (Vgl. Schaeber 2010: 523ff, 2003: 189ff sowie Peerone/Crook 1997: 26).

Angesichts dieser und der in der Literatur dargestellten Berührungen mit der internationalen Popkultur der 90er Jahre (Auftritt mit Michael Jackson 1996) und der Entwicklung Olodums zu einem „Kulturunternehmen" (Vgl. Schaeber 2010: 524 sowie Schaeber 2003: 292), kann der Samba-Reggae im Sinne der zu Beginn eingeführten Definition als Element der Populärkultur bezeichnet werden.

2.3.2 Der Aufstieg des Baião und der Musica Sertaneja

Anders als im vorigen Abschnitt erweist es sich im Zusammenhang mit dem Erkenntnisinteresse dieser Arbeit hier als schwieriger, einen direkten Zusammenhang zwischen den oben ausgemachten Elementen der Volkskultur des bahianischen Sertão und einer Entwicklung hin zu einem populärkulturellen Element herzustellen, weil das Zentrum des Baião und der Musica Sertaneja weniger in Bahia, als vielmehr im Südosten, mithin São Paulo ausgemacht wird (Vgl. Perrone/Crook 1997: 14, 17). Es soll jedoch gezeigt werden, dass es aufgrund der in diesen Stilen enthaltenen Elemente als durchaus plausibel gelten kann, dass dieser Zusammenhang besteht.

Als zentral für diese Annahme stellen sich die Bevölkerungswanderungen aus dem Nordosten heraus. Die Etablierung bzw. Herausbildung der Musica Sertaneja als eigenständiges Genre geht auf das Jahr 1929 und den Musiker und Journalisten Cornelius Pires zurück. Seine Werke waren die ersten, welche die Elemente der vielen bis dahin unter dem Begriff der Musica Caipira firmierenden Musiken, die die Landflüchtlinge aus dem trockenen Inland mit in die städtischen Gebiete brachten, zu einem einheitlichen Stil formten (Vgl. Keller 2011). Dieser Umstand und das Aufkommen gewisser Moden rund um ländliche, folkloristische Musik in den Metropolen São Paulo und Rio de Janeiro (sicherlich auch unter dem Einfluss der nordamerikanischen Countrymusik), sowie das Vorhandensein eines gewissen Marktes durch die dort lebenden Migranten aus dem Nordosten ebneten der Musica

Sertaneja den Weg (Vgl. ebd. sowie Perrone/Crook 1997: 14, 17). Zunutze machte sich dies zu Beginn der 40er Jahre Luiz Gonzaga, welcher den traditionellen Baião zu seinem Markenzeichen machte. Mittels charakteristischer, vom Gesang und Trommelrhythmen begleiteten, Akkordeonmelodien entwickelte sich der Baião von da an als eigenständiger Stil innerhalb der Sertaneja und Gonzaga feierte ab Mitter der 40er Jahre brasilienweite Erfolge (Vgl. Perrone/Crook 1997: 14 sowie Guedes 2008: 206). Während letzterer in den folgenden Dekaden die Weiterentwicklung zum Forró anstieß (Vgl. ebd.), etablierte sich die Musica Sertaneja spätestens ab Mitte der 70er Jahre zu einem auch landesweit populären Musikstil (Vgl a.a.O.: 17).

Die traditionellen Elemente der Volkskultur des Sertão, das Vorherrschen von Gitarreninstrumenten, die Gesänge im Duett (Duplas) sowie die romantischen und das Leben und die Natur thematisierenden Texte wurden sowohl vom Baião als auch von der Musica Sertaneja inkorporiert (Vgl. Guedes 2008: 216 sowie Keller 2011). Dass das Genre in diesem Verlauf eine wechselvolle Entwicklung, auch im internationalen Kontext, durchlebt hat und heute unter seinem „Dach" viele Stile von musikindustriellem Pop vereint, lassen es zu, die Musica Sertaneja und mithin den Baião als Elemente der Populärkultur im Sinne der oben zitierten Definition zu bezeichnen (Vgl. ebd.).

3   Conclusio - Zusammenhänge mit der räumlichen Verortung

Im Zuge der Erarbeitung der beiden Natur- und Kulturräume Bahias hat sich eine große Vielfalt an Einflussvariablen auf kulturelle Manifestationen aufgetan. Geschichtliche Ereignisse und Fakten, wirtschaftliche und damit zusammenhängende sozioökonomische Entwicklungen und Faktoren usw. stellten sich als feste Größe in der Frage heraus, was kulturelle Manifestationen bedingt. Denkt man dies jedoch weiter, ohne jene Variablen als Ausgangspunkte zur Beantwortung dieser Frage zu nehmen, so gelangt man unweigerlich zu dem altbekannten Problem mit dem Huhn und dem Ei: Was war zuerst da? Kultur oder die sie bedingenden Faktoren? Sind Geschichte und Wirtschaft oder das, was wir darunter verstehen oder die Art und Weise, wie wir damit umgehen, nicht selbst schon Kultur an sich? Weil dies nicht weiterführen würde, macht es Sinn, der Kultur den Begriff der Natur entgegenzusetzen und zu fragen: Was war zuerst da? Kultur oder Natur? Denn die Antwort auf diese Frage, dass es nur die Natur sein kann, erschiene jedem plausibel. Das Problem wiederum ist aber, dass man auch hier fragen kann: Ist nicht schon das, was wir unter Natur verstehen, Teil der Kultur?

An genau diesem Punkt entsteht meinem persönlichen Verständnis nach die Relevanz soziologischer Raumkonzepte. Ist für die hier untersuchten kulturellen Elemente eher der absolute Raum im Sinne des „Behälter-Konzepts" (Vgl. Läpple 1992 laut Alfonso/Gandelsman-Trier 2007: 3) oder der relationale Raum als „soziales" und „prozeßhaftes [sic] Phänomen" im Sinne Martina Löws (2001: 263) zu erkennen?

Für das Element der Afoxés ist zu sagen, dass unmittelbare naturräumliche Gegebenheiten keinen Einfluss hatten. Nicht bestritten werden kann jedoch, dass die naturräumlichen Gegenheiten der Küstenregion erst die Plantagenwirtschaft sowie das Sklaventum ermöglichten. Wendet man Löws Konzept dann vornherein auf diese Annahme an, so können die in Folge dessen entstandenen sozioökonomischen Verhältnisse sowie die räumlich unterteilten Entwicklungen des Karnevals in Salvador als soziale Räume verstanden werden, welche in unmittelbarer Wechselwirkung zu den kulturellen Manifestationen stehen.

Für die Kultur des Sertão liegt die Wechselwirkung mit den naturräumlichen Gegebenheiten auf der Hand. Gerade die Dürrebedingungen des bahianischen Hinterlandes haben die Herausbildung der Viehhirtenkultur vorangetrieben. Auch die daraus resultierende räumliche Mobilität der Bevölkerung und die Entstehung der Migrationstradition zeigen sich hierdurch bedingt und haben erst die Manifestation der Musica Sertaneja in den städtischen Gebieten ermöglicht.

Hinsichtlich der Entwicklung von den volks- zu populärkulturellen Elementen ist die Bedeutung des Raumes jedoch für beide Regionen unbestreitbar. Per definitionem (s. S. 2) ist die Ausweitung des Rezipientenkreises hier gerade die zentrale Bedingung.

Abschließend kann festgehalten werden, dass im Kontext dieser Arbeit dem Konzept des relationalen Raumes im Sinne Martina Löws eher zuzustimmen und das „Behälter-Konzept" abzulehnen ist, weil spezifische Wechselwirkungen zwischen Raum und Kultur nicht von der Hand zu weisen sind.

12